LA

FABRICATION DE L'ALCOOL

DISTILLATION DU CIDRE

LA

FABRICATION DE L'ALCOOL

IV

DISTILLATION DU CIDRE

PAR

J.-Paul ROUX

RÉDACTEUR EN CHEF DU JOURNAL *LA REVUE UNIVERSELLE DE LA DISTILLERIE*
MEMBRE DU JURY DE L'EXPOSITION INTERNATIONALE DE 1881,
DE L'EXPOSITION UNIVERSELLE DE BRUXELLES EN 1888,
MEMBRE DES CONGRÈS INTERNATIONAUX POUR L'ÉTUDE DE L'ALCOOLISME, ETC., ETC.

Prix : 1 fr. 50

PARIS
G. MASSON, ÉDITEUR
LIBRAIRE DE L'ACADÉMIE DE MÉDECINE
120, BOULEVARD SAINT-GERMAIN, 120

1888

INTRODUCTION

Depuis quelques années la culture du pommier pour la fabrication du cidre a pris une extension considérable dans l'ouest et le nord de la France.

On évalue à plus de 20 millions d'hectolitres la production annuelle de cidre, et si cela continue, les plantations continuelles le font prévoir, la production du cidre sera bientôt égale à la production du vin qui est descendue déjà à 35 millions d'hectolitres.

Le cidre, comme le vin, peut être consommé en nature ou transformé en eau-de-vie par la distillation. La production de l'eau-de-vie est déjà très importante, et fait une concurrence sérieuse aux eaux-de-vie de vin et aux diverses eaux-de-vie fabriquées avec des alcools industriels.

Le cidre, dont on tire un si bon parti dans l'alimentation pour remplacer le vin et la bière, peut voir encore agrandir son importance si on sait aussi l'employer d'une manière rationnelle à la production de l'eau-de-vie.

Pendant que le vin était abondant, et les eaux-de-vie de vin à bas prix, le cidre et l'eau-de-vie de cidre étaient négligés par le commerce général et n'avaient d'importance que dans quelques provinces de l'ouest et du nord.

Depuis quelques années la situation a beaucoup changé. La consommation du cidre s'est développée dans des conditions inespérées et qu'on n'avait pas encore vues.

Du cidre, ce mouvement s'est continué sur l'eau-de-vie, de sorte que les eaux-de-vie de cidre donnent lieu à des demandes constantes.

La récolte des pommes faite en vue de la fabrication du cidre, puis ultérieurement de l'eau-de-vie, peut donc constituer pour l'agriculture d'une grande partie de la France une source de revenus aussi importante que l'est pour le midi la plantation des vignes.

Seulement les fermiers ne doivent pas perdre de vue que nous ne sommes plus à l'époque où ils pouvaient fabriquer leur cidre selon des procédés barbares, sans économie dans la production, sans perfection dans le produit.

S'ils doivent viser à produire beaucoup de cidre, il leur faut ensuite faire un choix dans ceux qui peuvent être livrés à la consommation directe et ceux qu'il faut distiller.

Du reste, comme nous le disons plus haut, pour que les fermiers retirent tous les avantages que leur présente la culture du pommier, ils doivent résolument entrer dans la voie du progrès. Ils augmenteront le rendement et la qualité du produit tout en abaissant le prix de revient.

C'est de l'économie industrielle très entendue et fructueuse : l'eau-de-vie de vin a fait la fortune des Charentes, de l'Armagnac et du Languedoc, l'eau-de-vie de cidre peut faire la fortune de la Bretagne, de la Normandie, et de la Picardie, de toute cette grande région enfin où le pommier est cultivé.

CHAPITRE PREMIER

LE CIDRE

HISTORIQUE — LES CRUS — FABRICATION DU CIDRE.

I. — Historique.

La fabrication du cidre et du poiré est une opération beaucoup plus ancienne qu'on ne le suppose généralement. En effet, les Hébreux ont connu ces boissons, comme le témoignent plusieurs passages des livres saints. Les Romains faisaient un grand cas des pommes qui venaient des Gaules. Au rapport d'Ammien Marcellin, le cidre était une boisson commune dans la Gaule romaine; les enfants de Constantin reprochent aux Gaulois d'aimer le vin et les autres liqueurs qui lui ressemblent. D'après Bullet, les pommes étaient désignées chez les anciens Gaulois sous le nom d'aval, que l'on retrouve encore dans le langage bas-breton, et qui dérivait d'algia, pays d'Auge, contrée si fertile en pommiers. A l'époque de l'invasion de la Gaule par les populations septentrionales, les Francs apprirent du peuple soumis l'art de préparer cette boisson salutaire.

Ce n'est ni aux Navarrais, ni aux Biscayens, ni aux Northmans, qu'on est redevable, ainsi que de Chambray et Rozier l'ont avancé, de l'introduction de la culture du pommier en France et de l'art de brasser les pommes. Dans deux lettres adressées en 1884 à M. de Gasparin et imprimées dans les comptes rendus de l'Académie des sciences. M. Girardin a démontré que les pommiers et les poiriers sont indigènes dans les Gaules et qu'ils ont servi à la fabrication du cidre et du poiré dès les premiers siècles de l'ère chrétienne. Si nous devons quelque chose aux Navarrais et aux Biscayens, ce n'est véritablement que la connaissance de quelques variétés de ces arbres et nullement l'usage même de brasser leurs fruits.

Il paraît également certain que ce n'est qu'à partir du XIIIe au XIVe siècle que l'usage du cidre est devenu général en Normandie, où la bière était la boisson populaire depuis la conquête de la Gaule par les Normands.

De cette province, l'usage se répandit dans quelques parties de la France, d'où il fut transporté plus tard en Angleterre, en Allemagne, en Russie et dans l'Amérique du Nord. C'est cependant encore dans quelques crus de la Normandie et dans l'île de Jersey, qu'on prépare les cidres les plus renommés. En France, treize départements s'occupent sur une grande échelle de la culture des pommiers et poiriers à cidre, savoir : le Calvados, la Manche, l'Orne, l'Eure, la Seine-Inférieure, composant l'ancienne province de Normandie, puis l'Oise, les Côtes-du-Nord, l'Ille-et-Vilaine, le Morbihan, la Somme, la Sarthe, l'Aisne et Seine-et-Oise. On fabrique encore du cidre dans vingt-trois autres départements, mais la quantité en est peu considérable, comparativement à celle qui est fournie par les précédents : elle représente à peine dans le plus productif une valeur de 500,000 francs, tandis que dans le moins productif des treize premiers, la valeur du cidre dépasse un million de francs. On peut porter à plus de 40 millions la valeur en argent du cidre fabriqué annuellement dans les cinq départements normands.

Un pareil produit est une richesse pour un pays, et il semble que pour la conserver, en même temps que pour avoir une boisson saine et agréable, les cultivateurs devraient apporter tous leurs soins à une industrie si lucrative. Il n'en est pas toujours ainsi malheureusement. La fabrication du cidre dans nos campagnes n'est rien moins qu'entourée des précautions convenables. On néglige une foule de soins dont l'oubli influe d'une manière fâcheuse sur la qualité de la boisson ; souvent, et par suite de préjugés transmis d'âge en âge, on emploie des pratiques que la saine théorie réprouve ; quelquefois même, on pourrait le dire, les cultivateurs font tout ce qu'ils peuvent pour se procurer une mauvaise boisson.

II. — Les Crus.

Pour le cidre comme pour le vin, le terroir a une influence considérable sur la qualité, et, par suite, sur l'eau-de-vie fabriquée.

Il existe pour les eaux-de-vie de cidre des différences de qualité en tout comparables aux eaux-de-vie de vin ; la supériorité des eaux-de-vies de Charente ne tient pas seulement au cépage, mais surtout au terroir.

Il est donc intéressant d'observer l'influence du sol sur la qualité du cidre, et, par suite, sur l'eau-de-vie.

M. Canu a ainsi détaillé les qualités des cidres de diverses provenances :

1° Les terres argileuses et compactes ne lui sont pas favorables. Elles retiennent trop d'humidité. Elles se laissent difficilement traverser par les racines. Les arbres sont vigoureux, il est vrai. Mais les fruits sont peu nombreux et le cidre est sans saveur.

2° Les pommes qui proviennent des terres fortes, élevées et éloignées de la mer donnent un cidre coloré, généreux, se gardant plusieurs années. Il est de proverbe en Normandie que les terres à blé conviennent parfaitement au pommier.

3° Les pommes qui proviennent des terres fortes, peu profondes, donnent un cidre moins coloré, moins alcoolique et se conservant moins longtemps.

4° Les pommes qui proviennent des terrains légers et pierreux donnent un cidre sapide, mais peu alcoolique et s'aigrissant très vite.

5° Les pommes qui proviennent des terrains marneux et

crayeux donnent souvent un cidre à goût de terroir peu agréable. Elles sont peu sucrées quand la chaux est en excès.

6° Les pommes qui proviennent des vallées et des terres humides donnent un cidre lent à s'éclaircir, peu généreux, conservant un goût de terroir et s'altérant facilement.

7° Les pommes qui proviennent des terrains ferrugineux donnent un cidre noir.

8° Les pommes qui proviennent des terrains graveleux et pierreux des cantons élevés et exposés au midi fournissent un cidre délicat et léger, agréable et savoureux, riche en alcool et se conservant longtemps.

9° Les pommes qui proviennent des terrains schisteux et granitiques fournissent un cidre délicat, mais de peu de durée, a goût de terroir.

Le sol qui convient le mieux au pommier à cidre est sableux-argileux, un peu graveleux. La présence de fragments quartzeux ou siliceux est indispensable pour la production d'un cidre abondant et d'excellente qualité.

Selon leur goût, dit encore M. Canu (1), les pommes sont classées en douces, amères, acides.

Les pommes *douces* ou *sucrées* contiennent le plus de sucre. Elles fournissent plus de cidre que les pommes amères. Ce dernier est agréable mais fade et sans force, clair, faible en couleur et de peu de durée.

Les pommes *amères* contiennent beaucoup de tannin. Elles fournissent le moins de cidre. Ce dernier est fort, généreux, épais, riche en couleur et de longue durée.

Les pommes *acides* ou *sures* sont peu riches en sucre et en tannin. Elles fournissent le plus de cidre. Ce dernier est très médiocre, faible, maigre, sans couleur, d'une saveur désagréable, noircissant hors du tonneau.

Les pommes à *couteau* donnent un cidre de basse qualité. Il faut en excepter : Reinette de Caux et Reinette du Canada. Quelques variétés à cidre sont bonnes comme dessert. Telles

(1) *Les Arbres à cidre*, par F. Canu.

sont : Averolles, Nez-de-Chat, Guillot-Roger, Petit-Locart, Camière, etc.

Les pommes sont rangées en trois catégories suivant l'époque de leur maturité.

Celles de *première saison* mûrissent en septembre. Ce sont des fruits tendres. Leur cidre ne marque pas plus de 5° Baumé. Il est faible, peu en couleur et de mauvaise garde.

Celles de *seconde saison* mûrissent en octobre. Ce sont des fruits demi-tendres. Leur cidre marque de 7 à 9° Baumé. Il est plus en couleur, généreux, mais ne se conserve guère plus de deux ans.

Celles de *troisième saison* mûrissent en novembre. Ce sont des fruits durs. Leur cidre est spiritueux. Il se conserve de quatre à cinq ans. Il marque de 9 à 12° Baumé.

Selon Boutteville et Hauchecorne, auteurs sérieux qui ont écrit sur le cidre, les véritables saisons sont août et septembre, octobre et novembre, décembre et janvier.

Les petites pommes sont préférables aux grosses. A mesure égale elles sont plus pesantes. Elles offrent en totalité une plus grande surface d'exposition au soleil. Aussi elles sont plus riches en sucre et en tannin et fournissent un cidre plus fort qui se conserve mieux.

CHAPITRE DEUXIÈME

COMPOSITION DU CIDRE

Le cidre est un liquide alcoolique fermenté contenant, en outre des produits de la fermentation (alcool, glycérine, acide succinique, carbonique), de l'acide malique existant dans la pomme, des sels alcalins et calciques et des matières grasses et azotées.

M. Boussingault a trouvé dans un cidre obtenu de ses cultures d'Alsace :

Alcool 7° 1 correspondant à . .	69 gr.	95
Sucre interverti	15	40
Glycérine et acide sucinique . .	2	58
Acide carbonique	0	27
Acide malique.	7	74
Acide acétique.	Traces.	
Matières gommeuses	1 gr.	41
Potasse.	1	35
Chaux, chlore, etc.	0	20
Matières azotées	0	12
Eau	920	78

Gerhardt, dans son Traité de chimie organique, cite les quantités d'alcool que Brande indique pour les cidres et poirés. Suivant lui :

Le cidre le plus spiritueux renferme 9.87 0/0 d'alcool à 92 centièmes.

Le cidre le moins spiritueux renferme 5.21 0/0 d'alcool à 92 centièmes.

Le poiré renferme 7.25 0/0 d'alcool à 92 centièmes.

Le cidre renfermerait donc, d'après ces chiffres, de 4°8 (minimum) à 9° (maximum) d'alcool. Le poiré en contiendrait 6°5 à 7°.

M. Rousseau a fait une vingtaine d'analyses de cidre de Bretagne, mais il est probable que ces cidres avaient été mouillés ou avaient été mélangés à des boissons.

Voici la moyenne des résultats qu'il a obtenus :

Alcool	2°5
Extrait	19°3
Sucre	2.5
Cendres totales	1.52
Cendres solubles dans l'eau	1.17

M. Rabot a obtenu, en analysant de bons cidres ordinaires, après une année de conservation, une moyenne de :

Alcool	5 à 6°
Extrait	30 gr.
Cendres totales	2 80
Cendres solubles dans l'eau	2 15

Au point de vue de la teneur en alcool, on peut dire qu'en général le gros cidre donne de 5°,5 à 6° en moyenne, et que le poiré peut même donner 10°.

Afin d'avoir des documents plus complets et pour être à même de se prononcer, M. Girard, directeur du Laboratoire de la Préfecture de police, a entrepris l'analyse d'échantillons authentiques. Ces échantillons ont été envoyés par M. Girardin, directeur de l'École supérieure des sciences et des lettres de la Faculté de Rouen.

Les quatre premiers échantillons ont subi une bonne fermentation; on peut, par conséquent, prendre leur composition comme point de départ et établir leur moyenne.

Celle-ci est de :

Alcool	5° 2
Extrait à 100°	41 gr. 18
Sucre	9 90
Cendres	2 87

pour les éléments principaux. Et l'on voit que ces nombres viennent bien confirmer les données que nous avons fait connaître plus haut, dit M. Girard.

Moyenne des résultats fournis par les quatre échantillons de cidre bien fermenté :

Alcool 0/0 en volume	5° 2
Correspondant à :	
Alcool en poids par litre	41 8
Extrait à 100°	41 18
Extrait dans le vide	49 35
Cendres	2 87

Analyse des cendres :

Phosphates insolubles dans l'eau . .	0 31
Carbonate de potasse	1 87
Autres sels alcalins	1 81
Sucre	8 90
Acidité du cidre tel quel	5 00
Acidité du cidre séché dans le vide .	2 60

On voit donc, en résumé, en s'appuyant sur les travaux déjà faits et sur les analyses que nous venons de citer, que la proportion des principaux éléments constituant les cidres varie dans les limites que l'on peut fixer, et il nous semble que l'on pourrait adopter la moyenne suivante comme représentant un type de cidre pur ordinaire (en supposant ce cidre complètement fermenté) :

Alcool 0/0.	5 à 6
Extrait à 100°	30 gr. par litre.
Cendres	2 80

TABLEAU INDICATIF

DU POIDS DU SUCRE CONTENU DANS UN LITRE DE MOUT DE POMMES ET DU VOLUME EN CENTIÈMES DE L'ALCOOL QU'IL PRODUIRA PAR LA FERMENTATION.

INDICATION du DENSIMÈTRE	INDICATION DE L'ARÉOMÈTRE BAUMÉ	POIDS DU SUCRE par LITRE DE MOUT	PROPORTION POUR 100 D'ALCOOL EN VOLUME
1.036	5	60 grammes.	4.22
1.044	6	90 —	5.49
1.052	7	111 —	6.76
1.060	8	133 —	8.11
1.067	9	150 —	9.14
1.075	10	173 —	10.54
1.083	11	194 —	11.83
1.091	12	215 —	13.11
1.100	13	239 —	14.57
1.108	14	261 —	15.91

Fabrication du cidre.

Les pommes doivent être cueillies par un temps sec, à un degré de maturité convenable, qui est indiqué par l'odeur des fruits et par la coloration des pépins, et être mises en tas de 0m50 à 0m60 de hauteur, sous un hangar ouvert, ou sous une légère couverture de paille. — On doit leur éviter les meurtrissures, la pluie et la gelée.

La fabrication peut commencer aussitôt que la maturation est achevée. Il est nécessaire de jeter au rebut toutes les pommes pourries, même celles qui n'ont qu'un commencement de pourriture, parce qu'elles seraient une cause d'altération de la boisson.

On pile ou broie les pommes avec des appareils bien connus, dont le meilleur est le broyeur à rouleaux cannelés. L'appareil doit être réglé de façon à ne pas écraser les pépins dont l'huile donnerait un mauvais goût au cidre.

Au sortir de l'appareil broyeur, la pulpe est reçue dans des cuves où elle subit, pendant 12, 24 ou 36 heures suivant la température, une macération qui gonfle et désagrège les cellules et facilite l'extraction du jus. Pendant cet intervalle, il convient de remuer la pulpe de temps à autre pour éviter qu'elle s'échauffe inégalement.

La pulpe en macération se colore au contact de l'air et sous l'influence de l'oxygène sur les tanis, et le jus prend la couleur blonde connue. En temps froid on peut activer la macération en ajoutant un peu d'eau chaude pour élever la température de la masse à 25°.

Le cuvage terminé, on procède à la pression qui est trop connue pour qu'il y ait lieu d'en parler. Le jus qui découle du pressoir est filtré par des poches en laine ou chausses, et envoyé dans un bac, ou dans les tonneaux où se fera la fermentation : c'est alors qu'il y a lieu d'y ajouter le sucre.

Extraction du cidre par déplacement ou diffusion. — Par cette méthode on supprime le pressoir. Les pommes concassées sont mises dans une cuve posée sur un socle assez élevé pour permettre de tirer le liquide en-dessous. On emploie, pour déplacer le jus, environ un hectolitre d'eau par hectolitre de pommes, en procédant comme il suit :

On verse sur le marc, par chaque hectolitre de pommes, 1/3 d'hectolitre, soit 33 litres d'eau pure, chauffée à 35°. — Après douze heures, on soutire quantité égale de jus qu'on renverse sur le marc après avoir remué ce dernier. Au bout de douze heures encore on soutire une même quantité de jus qu'on remplace aussitôt par une égale quantité d'eau (chauffée à 35°). Le jus cette fois est mis en tonneau. Encore après douze heures, nouveau soutirage et nouvelle addition d'eau chauffée, (33 litres par hectolitre de pommes). Douze heures après on vide la cuve, on mélange le produit des 3 soutirages ; et, s'il y a lieu, on ajoute le sucre dans les tonneaux.

CHAPITRE TROISIÈME

DISTILLATION DES CIDRES

C'est la mauvaise fabrication des eaux-de-vie de cidre qui, pendant longtemps, a été cause de l'abaissement du prix de ce produit. Depuis qu'au moyen d'appareils perfectionnés, on arrive à produire des eaux-de-vie dont on a éliminé les parties malsaines qui marquent leurs qualités propres, les eaux-de-vie de cidre sont de plus en plus appréciées, et leur valeur commerciale a beaucoup augmenté.

Les anciens appareils à distiller ne peuvent plus servir aujourd'hui pour fabriquer de l'eau-de-vie présentable au commerce et donnant un rendement normal.

Un préjugé qu'on ne saurait trop combattre, et qui existe aussi bien dans les Charentes, dans l'Armagnac et le Languedoc pour les eaux-de-vie de vins que dans la Bretagne et la Normandie, pour les eaux-de-vie de cidre, est que, plus le vin ou le cidre est brûlé, plus le bouquet obtenu est fin. C'est là une grave erreur, et si plusieurs distillations sont nécessaires pour obtenir une eau-de-vie parfaite, cela tient seulement à la défectuosité des appareils.

Ceci a bien été reconnu par les Hollandais qui, aujourd'hui n'emploient plus que les appareils perfectionnés de la maison Savalle, pour la production du Schiedam.

Avec les anciens appareils, on était obligé de ne prendre qu'une partie de l'alcool contenu dans le cidre, et la perte qui en résultait était d'un minimum de 25 pour cent. Les flegmes de distillation ainsi obtenus étaient très faibles, et il était indispensable de recourir à une seconde distillation, ou plutôt a une rectification pour obtenir des alcools à 50 ou 60 degrés.

Avec le nouvel appareil à distiller représenté fig. 1, on obtient du premier coup, et à continu des eaux-de-vie de 63° à 70° à volonté d'un goûtparfait, et donnant toute la pureté qu'on doit laisser à l'eau-de-vie pour n'en pas faire de l'alcool pur.

Cet appareil retire absolument tout l'alcool contenu dans le cidre, et par conséquent, il n'y a plus de perte pour le distillateur. De plus, la construction spéciale de son fourneau réduit le prix de chauffage à son plus grand minimum. Il n'est que de 5 kilogrammes de charbon par hectolitre de jus distillé :

Pour faciliter l'installation de ces appareils dans les petites fermes, la Maison Savalle a construit deux appareils de petite dimension marchant à feu nu.

L'un, le plus petit, distille 150 litres de cidre à l'heure, soit 18 hectolitres en 12 heures. Il fonctionne sans eau de réfrigération, car on fait servir le cidre au refroidissement des vapeurs alcooliques ; cette combinaison produit une grande économie de combustible, puisque le cidre entre déjà chaud dans la colonne à distiller.

L'autre, plus grand, distille 300 litres de cidre à l'heure, soit 36 hectos en 12 heures.

Ces appareils sont chauffés, soit au bois, soit au charbon, suivant le combustible que l'on a sous la main. Tout autre mode de chauffage peut être adapté à l'appareil.

On voit que par son rendement et par l'économie de chauffage, l'achat de cet appareil est bien vite regagné. Plusieurs fermes de l'ouest ont déjà reconnu le fait, et se sont pourvues du nouvel appareil à distiller à feu nu de la Maison Savalle. Nous pouvons citer entre autres MM. Quesney frères de Montfort-sur Risle, (Eure).

CHAPITRE QUATRIÈME

DESCRIPTION ET MISE EN MARCHE DE L'APPAREIL A FEU NU

Dans cette colonne, que nous représentons figure 1, toutes les parties sont robustes et à l'abri d'une trop grande usure.

Sa combinaison est telle, que l'appareil reste constamment propre, que le liquide est soumis dans tout son parcours à un travail régulier de chauffage et de barbotage et que lorsqu'il arrive au bout de sa course, il est complètement épuisé.

Il se distingue :

1° Par le mode de régulariser l'alimentation du liquide à distiller, qui entre dans l'appareil sous une pression constante obtenue par un écoulement à niveau constant dans le bac alimentaire ;

2° Par son chauffe-vin à grande surface qui utilise parfaitement le calorique des vapeurs alcooliques pour chauffer le liquide entrant dans l'appareil;

3° Par la disposition spéciale des plateaux de colonne à grande surface de barbotage, où chaque litre de liquide à distiller est soumis à une lame de vapeur représentant, dans l'appareil ci-dessus, une longueur d'environ 29 mètres et qui va dans les grands appareils jusqu'à 200 mètres;

4° Par son système régulateur de sortie des vinasses.

Cet appareil s'applique à la distillation du cidre, du poiré, du vin et en général à toute matière fermentée à jus clair.

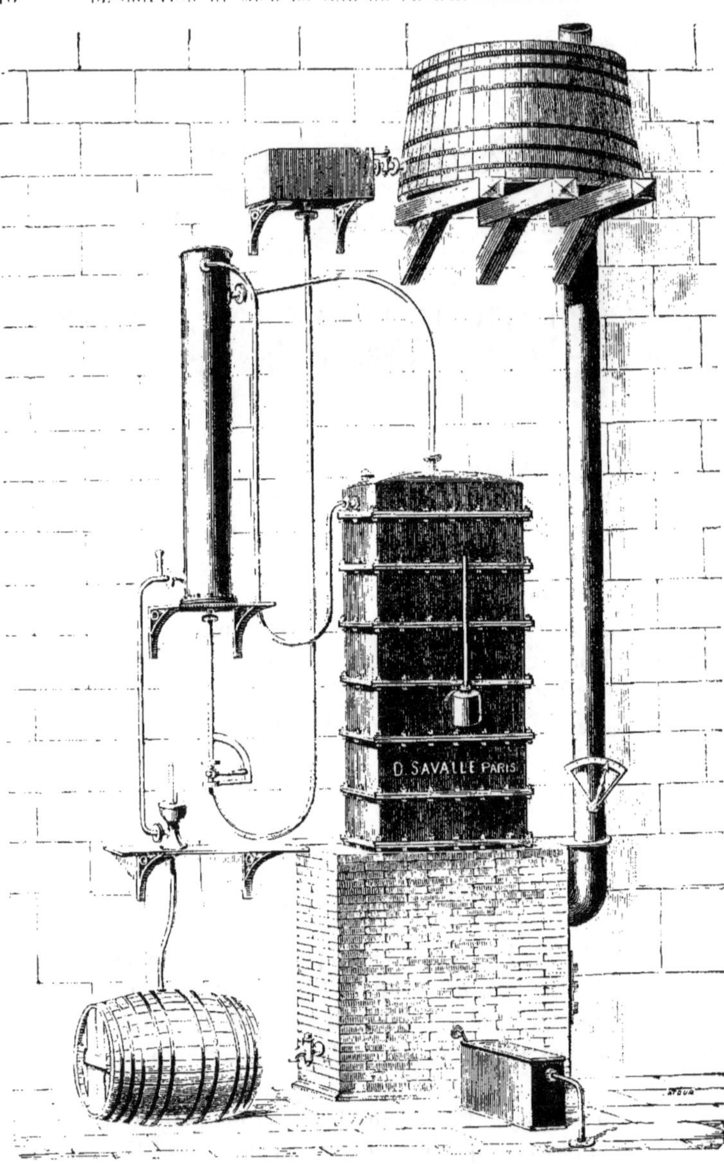

Fig. 1. — Appareil distillatoire à feu nu, distillant 250 litres de cidre à l'heure. Ayant obtenu un Diplôme d'Honneur à l'Exposition Nationale des Cidres et d'Alimentation Générale 1888.

Fonctionnement de l'appareil à feu nu.

Pour mettre en train l'appareil figure 1, il faut :

1° Au moyen d'une pompe à bras ou de tout autre système, emplir les réservoirs supérieurs dont le plus grand contiendra 1,000 litres de cidre au moins;

2° Emplir de cidre, en ouvrant le robinet à cadran, le réfrigérant et tous les plateaux de la colonne jusqu'à ce que le liquide apparaisse à la sortie des vinasses;

3° Fermer le robinet à cadran ;

4° Allumer le fourneau et faire un feu modéré;

5° Lorsque l'eau-de-vie commence à couler à l'éprouvette, il faut ouvrir le robinet à cadran à nouveau, mais avec précaution et petit à petit:

8° Ici se présente le point délicat de la mise en marche : il faut chercher le point convenable d'alimentation, pour que d'une part, elle ne soit pas trop forte et n'arrête pas la production de l'alcool à l'éprouvette et pour que d'autre part, l'alimentation du cidre soit assez intense pour maintenir le degré voulu à l'eau-de-vie. C'est un point à déterminer une fois pour toutes, sur le cadran du robinet;

9° Il est indispensable de maintenir dans l'appareil une pression constante, qui est indiquée au moyen d'un manomètre à air libre placé sur l'un des plateaux de la colonne;

10° Il faut, autant que possible, maintenir un feu régulier dans le fourneau. On y arrive facilement au moyen du registre adapté sur le tuyau et en ouvrant ou fermant la porte du foyer suivant le besoin ;

11° Pour terminer le travail, on arrête d'abord l'alimentation du cidre en fermant le robinet à cadran d'alimentation, puis, quelques instants après, on laisse tomber complètement le feu.

La colonne reste ainsi garnie de matières pour recommencer le travail le jour suivant.

Sous le robinet à cadran se trouve un autre robinet plus petit, qui permet de vider complètement les tuyaux d'alimentation et le réfrigérant.

Nous donnons figure 2 un appareil de petite dimension, marchant à la vapeur et pouvant distiller 240 hectolitres de liquide en 24 heures.

La figure 3 représente un appareil de grande dimension marchant à la vapeur, pour le cas où la quantité de jus à distiller dépasserait 400 hectos par jour. Ces appareils peuvent distiller jusqu'à 4,000 hect. en 24 heures.

Enfin la figure 4 donne la reproduction d'une nouvelle colonne à distiller qui permet d'obtenir du premier jet des alcools à forts degrés. Son fonctionnement s'opère à la vapeur avec une régularité parfaite, en donnant l'assurance de l'épuisement complet des liquides fermentés soumis à la distillation.

Fig. 2. — Appareil n° 0 facilement transportable, produisant 600 litres de cidre à 63° par 10 heures de travail.

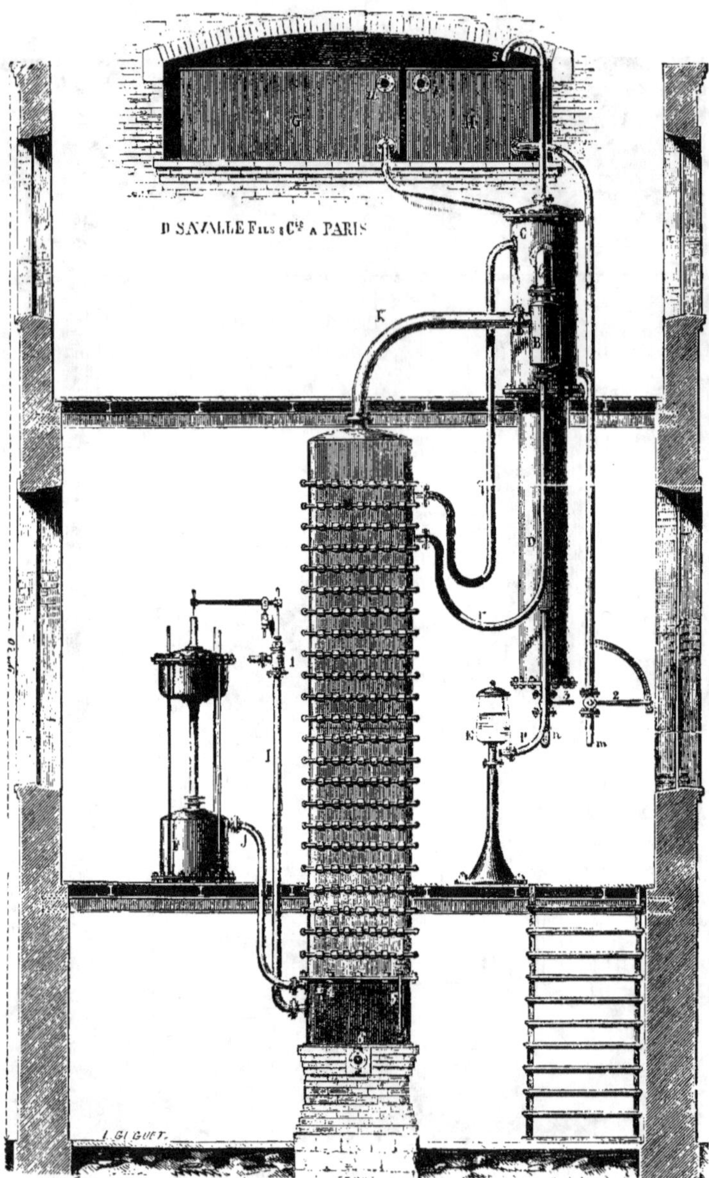

Fig. 3. — Appareil rectangulaire n° 3, dimension moyenne.

Fig. 4. — Appareil distillatoire produisant, du premier jet, des alcools de cidre à 90 et 93 degrés.

CHAPITRE CINQUIÈME

NOUVEL APPAREIL D'ESSAI DES CIDRES INDIQUANT LA RICHESSE ALCOOLIQUE AVEC UNE GRANDE PRÉCISION

Il est d'une grande importance, pour les distillateurs des pays à cidres, de savoir exactement la richesse alcoolique des cidres qu'ils possèdent ou qu'ils achètent; mais jusqu'à présent tous les moyens qui leur ont été proposés pour arriver à ce résultat ne leur donnent que des appréciations très approximatives qui s'écartent parfois beaucoup de la réalité et sont cause de grands mécomptes. — Les alambics d'essai donnent un produit très faible en alcool, qu'il est difficile de peser exactement, à cause de la capillarité qui fausse l'indication du pèse-alcool dans les faibles degrés, — et aussi à cause des acides qui sont entraînés par la distillation et mélangés au produit.

MM. D. Savalle et Cie se sont appliqués à étudier la question, et à l'aide de nombreuses observations, ils sont arrivés à établir un appareil d'essai qui fournit un produit à forts degrés, exempt d'acide et facile à titrer comme richesse alcoolique. (*Voir fig. 5.*)

La figure 5 représente la disposition de cet appareil.

Un des défauts principaux des appareils d'essai était d'opérer sur un volume de cidre trop minime; l'appareil ci-dessus opère sur cinq ou à volonté sur dix litres de cidre à la fois, et donne un produit qui pèse en moyenne 60 degrés centésimaux.

On arrive par lui à reconnaître l'alcool contenu dans les cidres avec une précision remarquable.

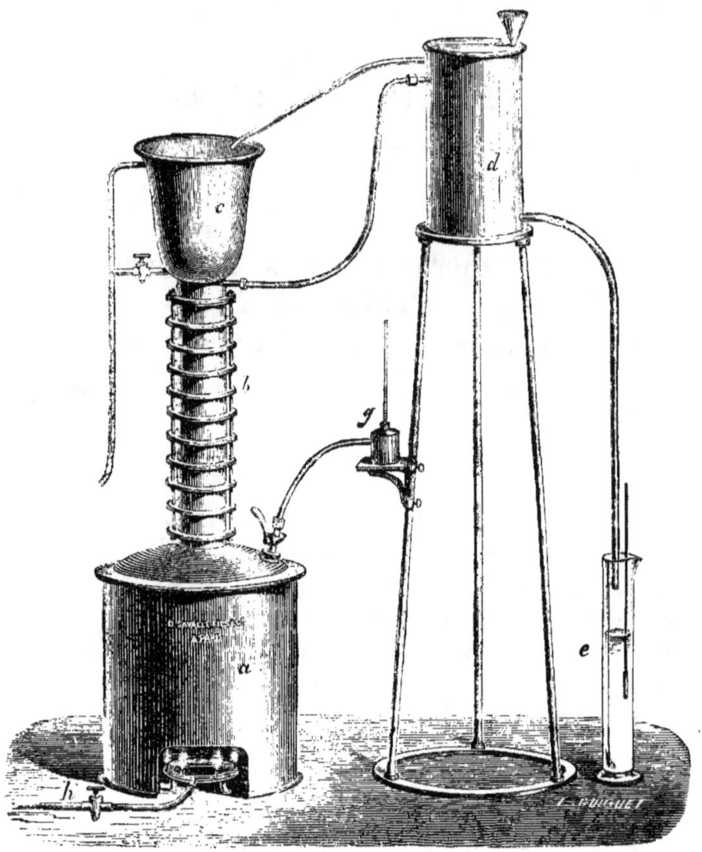

Fig. 5. — Nouvel appareil pour déterminer la teneur alcoolique des cidres.

a. Fourneau contenant sa chaudière.
b. Colonne pour enrichir et analyser les vapeurs de la distillation.
c. Analyseur à eau.
d. Réfrigérant.
e. Éprouvette graduée pour recevoir le produit.
g. Manomètre.
h. Conduite d'arrivée du gaz destiné au chauffage.

Pour s'en convaincre, on met dans dix litres d'eau dix centimètres cubes d'alcool. — En soumettant ce mélange qui contient un millième d'alcool, à l'appareil on retrouve neuf centimètres cubes huit dixièmes d'alcool dans les trente premiers centimètres cubes de produit distillé. — Aucun appareil d'essai n'a donné jusqu'ici ce résultat.

Maintenant cet appareil d'essai a un tort, nous le savons : il coûte plus à établir que les autres alambics d'essai, par le motif qu'il est plus grand et d'une construction toute différente, mais les services qu'il rend sont importants et les grandes maisons de distillation se le procurent malgré son prix de 500 francs.

Cet appareil d'essai peut se chauffer au gaz, au pétrole, à l'alcool ou même à la vapeur.

CHAPITRE SIXIÈME

STATISTIQUE

Production annuelle de l'alcool de Cidre depuis 1876.

ANNÉES	NOMBRE D'HECTOLITRES D'ALCOOL PUR	NOMBRE D'EAU-DE-VIE A 50° D'ALCOOL PUR
1876	22.388	44.776
1877	9.468	18.936
1878	9.822	19.644
1879	7.265	14.530
1880	3.317	6.634
1881	2.291	4.582
1882	9.829	19.658
1883	8.088	16.176
1884	15.567	31.134
1885	20.908	41.816
1886	28.600	57.200
1887	13.595	27.190

Production, pendant les six dernières années, des Cidres, Poirés et Hydromels.

ANNÉES	RÉCOLTES ANNUELLES	IMPORTATION	EXPORTATION
	Hect.	Hect.	Hect.
1882	8.920.611	912	16.134
1883	23.492.268	»	10.645
1884	11.902.177	»	16.838
1885	19.955.323	»	17.704
1886	8.300.758	»	16.058
1887	13.436.667	»	13.708

Production de l'Alcool de Cidre, en 1887, par département.

DÉPARTEMENTS	BOUILLEURS ET DISTILLATEURS DE PROFESSION		BOUILLEURS DE CRU		
	NOMBRE de BOUILLEURS et DISTILLATEURS de profession	Quantités d'alcool pur à 100° fabriqué par les bouilleurs et distillateurs de profession	NOMBRE APPROXIMATIF DE BOUILLEURS DE CRU qui distillent incidemment ou habituellement	NOMBRE APPROXIMATIF DE BOUILLEURS DE CRU qui ont travaillé en 1887	Quantités d'alcool pur distillé par les bouilleurs de cru
		hectolitres			hectolitres
Aisne	15	1	4.271	2.254	1
Calvados	213	320	10.604	6.656	6.366
Eure	98	22	12.844	5.025	2.586
Gironde	114	2	»	»	»
Ille-et-Vilaine	4	2	1.498	153	24
Jura	26	1	16.813	7.385	»
Loire-Inférieure	6	18	916	381	2
Maine-et-Loire	13	1	8.844	3.956	35
Manche	30	14	5.712	2.875	1.254
Mayenne	5	5	9.862	1.287	265
Orne	64	35	17.996	4.668	1.934
Sarthe	83	88	9.121	3.276	412
Haute-Savoie	»	»	14.222	6.417	1
Seine	19	4	141	107	»
Seine-Inférieure	108	14	1.408	703	168
Seine-et-Marne	49	1	6.672	1.756	»
Seine-et-Oise	254	3	2.918	637	6

PRIX DES APPAREILS DE DISTILLATION PAR LA VAPEUR

Système SAVALLE

NUMÉROS de DIMENSIONS	VOLUME DE LIQUIDE FERMENTÉ distillé par 24 heures	PRIX DE BASE DES APPAREILS en cuivre rouge	PRIX DE BASE DES COLONNES en fonte de fer
	LITRES	FR.	FR.
0	240	5.500	
1		6.900	
2	10.000	8.600	7.200
3	50.000	10.300	8.300
4	60.000	12.100	9.400
5	70.000	13.800	10.500
6	80.000	15.500	11.600
7	90.000	17.250	12.700
8	100.000	19.000	13.800
9	110.000	20.700	14.900
10	120.000	22.425	16.000
11	160.000	29.900	20.400
12	200.000	36.800	25.900
13	250.000	45.000	30.300
14	360.000	62.400	44.000
15	450.000	78.000	55.000

OBSERVATIONS. — Aux prix ci-dessus, les appareils sont livrés sans tuyauterie, ni robinetterie. Celles-ci sont facturées à part et se montent à environ 9 0/0 du prix de l'appareil ; l'emballage est d'environ 3 0/0.

Les appareils ci-dessus produisent de l'alcool brut de 45 à 60 degrés, ce qui est suffisant si l'on rectifie l'alcool sur place. Dans le cas où cette rectification n'a pas lieu, nous donnons à l'appareil une disposition spéciale qui lui fait produire de l'alcool brut de 90 à 95 degrés Tralles. Dans ce cas, le prix de l'appareil augmente de 40 0/0.

PRIX DES APPAREILS A FEU NU

Compris la tuyauterie

NUMÉROS de DIMENSIONS	VOLUME DE LIQUIDE FERMENTÉ distillé en 12 heures	PRIX DE BASE DES APPAREILS A FEU NU en cuivre rouge
	LITRES	FR.
00	2.500	4.000
000	1.500	3.000

TABLE DES MATIÈRES

IMPRIMERIE CHAIX, RUE BERGÈRE, 20, PARIS. — 23252-12-8.

www.ingramcontent.com/pod-product-compliance
Lightning Source LLC
La Vergne TN
LVHW021637170726
843501LV00007B/2274

* 9 7 8 2 3 2 9 6 4 6 5 5 8 *